(The Woke Salaryman)

[新加坡] 觉醒的工薪族 ——————— 著   加菲猫看世界 ——————— 译

觉醒吧！薪人类

金钱、工作与幸福的真相

**The Woke Salaryman Crash Course
on Capitalism & Money**

Lessons from the World's Most Expensive City

U0256166

中信出版集团 | 北京

图书在版编目（CIP）数据

觉醒吧！薪人类 / 新加坡觉醒的工薪族著；加菲猫
看世界译 . -- 北京：中信出版社，2025.1. -- ISBN
978-7-5217-7034-6

I. TS976.15-49

中国国家版本馆 CIP 数据核字第 2024HF5578 号

觉醒吧！薪人类

著者： ［新加坡］觉醒的工薪族
译者： 加菲猫看世界
出版发行： 中信出版集团股份有限公司
（北京市朝阳区东三环北路 27 号嘉铭中心　邮编　100020）

承印者： 北京通州皇家印刷厂

开本：787mm×1092mm　1/32　　印张：10　　字数：120 千字
版次：2025 年 1 月第 1 版　　　印次：2025 年 1 月第 1 次印刷
京权图字：01-2024-6302　　　　书号：ISBN 978-7-5217-7034-6
定价：59.00 元

目录

和解与超越

1

最开始拿到这本书的时候，我一度以为这是一本传统的励志"鸡汤"，但是看了个开头就再也放不下来了。其间有时莞尔，有时陷入沉思。一幅幅呆萌可爱的漫画，蕴藏着对现实和哲学世界的深刻思考，真的是一次非常特别的阅读体验。于是我迫不及待地开始翻译，想尽快把这本书推荐给大家，尤其是年轻一代的朋友们。

如果用一句话来概括，我觉得这本书几乎满足了我对大众财经类书籍的所有幻想——有料有心又有趣。最重要的是，我觉得作者真的是太敢了，太懂了，也太会了。敢的是，坦然地展示真实世界的残酷，而不是无视或粉饰；懂的是，明白年轻人现阶段的焦虑和痛点，并一针见血地予以解答；会的是，将很多蛮深刻的道理用漫画的形式呈现出来，一图胜千言，尽在不言中。

这本书虽然讲的是理财，却另辟蹊径，引用大量的社会学和心理学知识，尝试从不同的角度去看待问题。最神奇的地方是，作者对于时代的洞察"刀刀见血"，但是残酷的真相被有趣的表达方式包裹了起来，让这本书既保持了"锋利"，又让人容易接受，最终还能被治愈。可以说是对症下药，先打麻药再开刀。

2

这本书很多观点的底层逻辑来自全球最新的著作和理论，这也让我对很多事情又有了更进一步的思考。

运气很重要

努力决定下限，运气决定上限，知行合一的程度决定了我们在这两者中间的位置。然而，许多成功者经常会把成就归功于自己的勤奋和努力，而忽略了在这个过程中给予他们巨大帮助的家人、老师、朋友、国家，以及他们生活的时代。傲慢的代价，可能是靠运气赚到的钱，凭本事亏回去。因此，任何时候都要保持感恩之心，当自我越来越小，世界才会变得越来越大，接住好运的概率也就越来越高。

与世界和解，与原生家庭和解

抓牌有时候确实要靠手气，但更重要的是，如何把手上的牌打好，和队友配合好并最终赢牌。一切才刚刚开始。我们要做的，是把自己能掌控的事做好，把优势发挥到极致，而不是抱怨为什么运气这么差，白白浪费了时间和精力。承认这个世界充满随机性，意味着我们开始拥有平和的心态和成熟的世界观，也就具备取得更大成功的可能。同时，我们的认知和行为都深受原生家庭的影响。继承优势，摆脱负面的羁绊，最终拾级而上。越早想明白越好。这不是依附，也不是对抗，而是超越。

一代人有一代人要做的事

狄更斯在《双城记》的开头写道："这是最好的时代，这是最坏的时代。"每个时代都有红利，每个时代也都有挑战。

总会有人悲观，也总会有人乐观，但超越悲观和乐观的是客观。历史告诉我们，总有未来会改变世界的人此刻正在默默无闻。事实上，所有的横空出世都是蓄谋已久，没有任何一鸣惊人是自然而然。缔造《黑神话：悟空》的游戏科学的CEO冯骥说："踏上取经的路，比到达灵山更重要。"其实，谁不是每时每刻都在"斗罢艰险又出发"呢？

把主动权掌握在自己手里

为自己而活，而不是为别人的目光而活。该降级的时候就降级，可以升级的时候想想有没有必要。该卷的年纪就努力积累，实在要躺一段时间，也无可厚非，不用太焦虑。过度的虚荣会让人生掉入无尽的漩涡，适度的虚荣又可以让人追求进步……千言万语，你打你的，我打我的，主动权永远要在自己的手里。

财商的尽头是ETF

引进版的财商书籍我看了不少，结构基本上都是：千变万化的叙事，几个殊途同归的道理，最后落地工具都是ETF。也许世界本来也不复杂，只是我们想得太多，所以偶尔需要化繁为简。

以上感触只是这本书内容所涵盖的一小部分。更多的蛛丝马迹和有价值的认知，散落在这本书的各个章节里，隐藏在每一幅简约而不简单的漫画中，等待你去寻找和挖掘，并形成自己的体会。一本好书就是这样，给人触动，让人思考，敲人顿悟。

3

这本书的翻译尽量还原作者现代感十足、风趣幽默，同时言简意赅的风格。尽管我付出了很多努力，但是译文中出现疏漏、笔误甚至错误仍在所难免。感谢读者朋友能够批评指正，让我更加进步。

感谢中信出版集团能够让这么有趣的书和国内的朋友们见面。原书书名中 salaryman 是工薪族或者上班族的意思。直译略显无趣，所以我特别翻译成了：薪人类。配上一句略显"中二"的"觉醒吧！"仿佛小宇宙爆发，查克拉释放，赛亚人变身。

没错，我们都是新人类。

亲爱的读者：

如果一定要让我猜一下你的情况，我也许会这么想：

你可能是一个出生在发达国家的年轻人，生活本该是美好的，但实际感受却并非如此。

不平等加剧，工作机会减少，那些家庭背景优越的人拥有你梦寐以求的优势。你有大学学位，但似乎没什么帮助。有钱的，据说还很有能力的外国人正在涌入你的城市、你的国家。他们推高了物价，房租飞涨，汽车价格也变得昂贵。在你出生的地方，你几乎买不起房。

面对这一切，你的政府却似乎袖手旁观，无所作为。他们给富人减税，而不是向他们征税；他们总是给富人很多，而不是合理地分配社会财富。与此同时，你背负着大量债务，感觉他们根本不站在你这边。

因此，你可能很讨厌资本主义。为什么会这样呢？其实，这天然就是一个不公平的体系。那些生来就拥有更多资源与禀赋的人在起跑线上获得了巨大的先发优势。

对于这种天然就不公平、不公正的体系，我们能做些什么吗？

当然可以。你可以游说政府改变现状，可以抵制企业，甚至可以发起一场变革。

但问题是：改变，是一个代价高昂且旷日持久的过程。

想要改变，你首先必须汇集资源，积聚力量，组织人力，获得属于自己的自由。而且，你可能必须让自己先富起来。

这就是本书的主题：积累财富和权力，让这个世界变得更美好一点。

我们为你提供一个建议——摆脱道德评判的影响，客观研究财富的规则。就像你曾经掌握数学一样，去学会它；你不一定非要热爱它，但你必须接受它的存在，并按规则行事，最终获得成功。

我们祝你一切顺利。

第一章

与不公平的人生和解

平等是一种理想。
它不是现实，也不切实际。

—

李光耀
新加坡首任总理

2014 年，在我进入一家法国跨国广告公司工作的第一周，一位资深同事与我分享了一件事，给我带来了深远的影响。

"在新加坡乃至整个亚洲的广告业，种族都很重要。其实这很难说出口，但事实上白人就是更容易成功。他们被认为更有创造力。如果你来自英国、美国，甚至澳大利亚，你成为创意总监的机会就更大。但如果你是新加坡本地人……"他告诉我，"那么你在肤色等级的链条上排名不高。"

羞愧和愤怒在我心中交织。

我本来一直坚信，无论我的背景或国籍如何，我都应该有平等的晋升机会。然而，现实情况就是这样，我目睹了本地客户是如何更加尊重外籍创意总监的。管理级别越高，本地人越少，欧洲人的名字就越常见。

在这种情况下，我们应该怎么办呢？面对不公平和不公正，我认为有以下两种有效的方法可以考虑。

第一，争取一些结构性的改变。

我们可以呼吁本地人应该享有平等机会，也可以敦促政府调查这一问题。也许他们可以实施一个配额制度，确保每年有一定数量的本地人成为创意总监。

然而说实话，我们能做的还是有限。外籍人士在这个行业享受优待的证据，大多是一些传闻轶事。如果客户就是有一些无形的正当理由，比如喜欢欧洲的面孔来负责他们的业务，我们该怎么办呢？

第二，聚焦我们能掌控的事情。

虽然我们无法立即改变业界一些有失公允的观念，并证明本地人同样有能力创作充满创意的作品，但我们可以努力提升自己。我们可以证明自己勤奋、聪明，还富有创造力。例如，通过打破亚洲人害羞、缺乏自信的刻板印象，我们可以提高自己的演讲技巧和主持功力。

我们也可以选择离开那些外籍人士享有不公平优势的公司，转而去寻找可以公平竞争的机会。事实上，我们甚至可以攒钱创办自己的公司，直接参与竞争。

就我个人而言，我选择将精力投入第二种方法，而不是第一种。为此，我不得不平和地接受这样的一个事实：人生就是不公平的。

不需要有多聪明也能意识到，我们无法决定自己的出生环境。

一个出生在发达国家的人，必然比出生在欠发达国家的人有更多的选择。基因也有一定的影响——在世界上的个别地方，还存在种族歧视。即使在恋爱问题上，有些人也常常表现出对财富、身高、体形或肤色等一些特质的偏好。

同样，我们出生的时代也会极大地影响我们的生活质量。这一逻辑也可以延伸到国家层面。一些国家拥有丰富的自然资源，而另一些国家则在努力克服历史性劣势。例如，殖民化使欧洲成为最富裕的大陆之一，却让非洲苦苦挣扎，成了最贫穷的大陆之一。

缺乏别人所拥有的优势会让人感到痛苦吗？当然会！

对于这种差距所导致的绝望和挫败，我们感同身受。这些情绪是合理的、自然的，也应该被承认。

但是，我们也要认识到愤愤不平的真正代价是什么。简而言之，保持愤怒会消耗巨大的精力，而且会阻碍我们个人的成长、友情的建立和技能的提升。既然这个世界这么不公平，而且别人还过得更好，那我们为什么还要努力呢？如果天天怀着这样的怨念，我们最终会把自己搞得心力交瘁，一事无成。

关于怨恨，我们最喜欢引用的一句名言是：

怨恨就像自己服下毒药，然后等着对方死去。

接受世界的不公平是一个痛苦而漫长的过程，但这也是一种解脱。

这确实需要时间。我们希望大多数人可以在 30 多岁时与不公平的世界和解，但也有许多人甚至在五六十岁时都难以释怀。

我们想对这些人说：你的感受是合理的，也应该被承认，没有人有权要求你克服它。花点时间反思世界的不公平，允许自己生气，允许自己宣泄愤怒，彻底释放你的不满。

然后，当你情绪平复，准备好了，就到此为止，不再抱怨。只有这样，你才能开始让你的生活变得更好。

在接下来的章节中，我们将探讨人生中你可以掌控的因素和不可以掌控的因素分别是什么。希望这些见解可以帮助你在我们生活的这个不公平的世界里行稳致远。

人生中有多少事可以由你自己决定？

～～～～～～～

　　在开始你的理财之旅之前，重要的是要意识到，很多人之所以贫穷，并不是因为他们做错了什么。

　　下面的漫画描述了贫困的恶性循环。

在社会学中，有一个概念叫作：

STRUCTURE VS Agency

结构与能动性

这两个因素
对我们的生活产生了巨大的影响。

结构：
影响或制约现有选择和机会的因素。

SOCIETY
社会

CULTURE
文化

POLITICS
政治

NATURE
天性

GEOGRAPHY
地理

当我们进行专注于自我提升的个人理财时,
我们更多关注能动性,即个人能做什么。

这些包括:

- 你的习惯
- 你的价值观
- 你的伙伴
- 你做出正确决策的能力

因此，我们要理解并同情缺乏禀赋的人，
并对自己所拥有的机遇心怀感恩。

请记住，富有还是贫穷，
这是人们无法在一开始就能选择的。

---

① 网络流行用语，作为一个感叹词使用，包含了赞美、加油打气等多种感情
色彩。——编者注

成功路上的四个"骑士"

～～～～～～～

　　勤奋是一个强力因素，但仅凭这一点，还不足以获得成功。

　　以下是在我们的传统观念中经常被忽视的一些因素，而它们也是实现成功的重要条件。

你需要了解的成功路上的
四个"骑士"。

我们经常把成功归因于勤奋。有时这会导致人们认为一个人不成功就是因为他懒惰。但事实并非如此。为什么？因为勤奋并不必然带来成功。

举个例子：

连续两周不眠不休地挖一个洞，这样的勤奋够让人印象深刻了吧。但这种努力不太可能挖出一个很深的洞，尤其是与那些有一定优势的人相比，比如用铁锹的人。我认为，认识到成功还与其他因素有关非常重要。以下是我们认为影响最大的四个因素。

禀赋

> **PRIVILEGE**
> 禀赋
>
> 潜力值：　　　　影响值：
> ☆☆☆☆◐　　☆☆●●●
>
> 继承：
> 游戏开始，先连抛5枚硬币。每出现一个正面，可获得10万美元的启动资金。
>
> 高预期：
> 如果做不到领头羊，则压力值+20。

关于禀赋的精彩论述非常多。禀赋是你与生俱来的优势，如果你出生在一个富裕家庭，那么你天然就会拥有一个可以让你放心去冒险的安全垫。当然，这不仅限于财富。

如果你不是少数群体，无论是由于种族，还是由于身体或智力，那么你其实已经拥有了一定的潜在优势，因为你有可能面临较少的歧视。

除了这两种关于禀赋的流行说法，还有一些值得思考的其他形式的先发优势，比如你出生的时代或环境。

我有幸出生在现代的新加坡——一个相对安全的国家，预期寿命长，婴儿死亡率低。

总的说来，你无法控制你所获得的禀赋，也不应该为拥有这些禀赋而感到羞愧。

重要的是，你要认识到禀赋在你的成功中会扮演一个重要的角色。你拥有的禀赋越多，就越容易获得成功。任何人都不应否认这一点。明白这个道理会让你更有同理心，而不是简单地说："穷人就是懒。"

当然，也有必要指出，虽然禀赋很重要，但它并不代表所有。想想看，如果禀赋决定一切，那么杰夫·贝佐斯就不会成为当今世界最富有的人。贝佐斯的父亲刚到美国时就是一个身无分文的移民，还只会说西班牙语。

更准确的说法是，如果你的禀赋达到一定的高度，那么你在财务维度获得成功的概率会更大。

接下来，让我们看看下一个重要因素。

努力

E F F O R T
努力

潜力值：　　　　影响值：
☆☆●●●　　☆☆●●●

勤奋：
用20生命值可以换取一次新回合。

熟能生巧：
获得一张"差异卡"所需要的成本减半。

通常当人们一定要为自己的成功给出一些解释时，"勤奋"或"努力工作"往往是最常见的原因。你可能会觉得这有点假，但你多想想就会明白，如果告诉别人"我生来富有"或者"我很幸运"，那并不是一个很好的采访素材。

另外，如果说出"我做了xxx与众不同的事"，并详细说明是如何做的，这可能会泄露你的竞争优势。

于是"我付出了很多努力"就成了最佳答案，更何况这本来也是真实的：努力往往是成功的先决条件，即使对具备各种禀赋的人来说也是如此。

由于人们在解释成功的时候，往往把努力放到举足轻重的位置，所以它成了所有骑士中最鼓舞人心的那一个。同时，它和大家的相关性最大，更是讲故事的好素材，毕竟每个人都可以去努力。

尽管如此，这并没有改变努力和勤奋的重要性。它们是游戏规则最强力的颠覆者。对长期目标的热情和执着往往比智商更重要。

毫无疑问，熟能生巧，勤奋是无可替代的。

你只是需要打开视野，关注更多的因素。

差异

下一个因素我很难精确地描述，但我想称之为"差异"，指的是与众不同，不走寻常路或者具有创新能力。

缺乏差异，可能就是许多人每天同样花 12 个小时工作却得不到任何回报的主要原因。

下面是一个关于自由撰稿人的例子。

作为一名自由撰稿人，我的稿酬从 50 美元到 2 000 美元不等。我的体会是，50 美元的文章通常是任何会串句子的人都能写的。

例如，以"无聊时在新加坡可以做的 5 件事"为题的文章，为什么它只值 50 美元？归根结底，就是一个简单的经济学问题——供给和需求。我尽量不接这样的项目，因为能写类似题目的作者供过于求。

我更关注的是需要大量专业知识的复杂项目——在这些项目中，撰稿人的供应是有限的，于是提出需求的人必然会支付高于 50 美元的稿费。

最后的结果是，一个人写 10 篇 50 美元的文章（合计 500 美元）和我写一篇 500 美元的文章（关于定期人寿保险和终身人寿保险的利弊）的收入是一样的。

虽然他们工作得更辛苦，但我们赚的钱是一样多的。

这里的经验是：技能和知识很重要，但是打破常规的思维方式、创造力和应变能力同样重要。如果你像所有人一样工作，像所有人一样思考，那么你就别指望取得非凡的成功。

运气

LUCK
运气

潜力值: 影响值:

重新掷骰子:
如果你掷出的骰子是 3 或
更小，则可以再掷一次
骰子。
两次掷骰子的结果之和作
为最终结果。

运气是一个未知因素，是我们苦苦寻找却又难以捉摸的东西。就像禀赋一样，它是我们无法控制的。

一个极端例子

你可以在 30 岁之前攒下 10 万美元，购买所有你需要的健康保险，建立各种被动收入来源，但你的生活仍然可能被一场灾难性的车祸所摧毁（概率不大，但毕竟有可能）。

一个不太极端的例子

你可以提升自己的技能，打造完美的履历，建立良好的人脉关系，拥有最好的创意……但有时成功就是不来。这就是我们必须要接受的现实。

但是，为了避免你认为我们没有办法降低运气的影响，我们不妨把它看作掷骰子。

你没有办法保证每次掷出的都是 6。但是，你如果这样做就可以增加掷到 6 的概率：

- 持续努力地掷骰子，直到你掷出 6（努力）。
- 掌握掷骰子的高超技术（差异）。
- 在出生时就多给你几个骰子（禀赋）。

这是一场你现在必须参与的牌局

人生就像一场牌局。我们中的一些人生来就有禀赋，而有些人则没有这么幸运。客观来说，这就是真实的世界。

接受是一种和解，理解是一种智慧。

　　无论如何，如果你真的想成功，理解这个世界的运行规则至关重要。如果没有它，你可能会事半功倍，失望至极。

　　综上，现在你知道你手上拿着什么牌了，该出牌了。①

　　保持清醒，薪人类！

---

① 本文提及的成功，更多是从传统或者说世俗的角度来定义的，即与物质财富挂钩。你对成功的定义可能不同。没关系，世界很大，和而不同。

不要因贫穷而指责穷人

～～～～～～

　　当你开始踏上理财的旅程时，你会越来越意识到每个人的财务背景是不一样的。人们很容易美化富人，丑化穷人。我们必须认识到，很多人之所以贫穷，并不是因为他们犯了什么错。

不要因贫穷而指责穷人。

但是对收入不高的人来说，
情况就复杂多了。

如果收入过低，
那么很多理财技巧就不适用了。

例如，
当你赚 6 000 美元时存下 20% 很容易，
但是当你只赚 600 美元时存钱就难了。

此外，贫困人群有时花费
反而比平均水平更高。

例如，他们可能别无选择，
只能购买更容易变质的廉价产品。
从长远来看，这只会带来更大的开销。

* 此处可以参考"维姆斯靴子经济理论"。

低收入人群也会付出更多的时间成本。

例如，他们在通勤方面可能没有太多选择，因此最终要走很多路，或是在乘坐出租车更有效率的时候，只能选择乘坐公共交通工具。

低收入人群有时也会在健康方面付出代价。例如，他们可能买不起合适的床垫，所以无法得到适当的休息。

这会影响他们在工作中的表现，从而削弱他们打破贫困循环的能力。

我们应该做的是直接出手干预。比如：

① 不要指责和评判。

② 换位思考。

③ 采取具体行动，产生积极影响。

第二章

开始你的理财革命

财富积累的原则很简单，
但简单并不意味着容易。

　　理财之旅的开启，总是让人有些无所适从。和许多年轻人一样，我发现自己被各种各样的建议狂轰滥炸。

　　许多理财大师说，要想致富，就必须尽可能早地开始投资或交易。还有人说，要想致富，就要减少开支，量入为出。还有人说，要想致富，就要成为企业家，摆脱朝九晚五的生活。

　　这些建议各有千秋，都有些道理，但如果过于走极端，则可能弊大于利。以下是我们的一些想法。

　　与财富增长相关的活动有以下四种，成功做到的越多，你的机会就越大。

赚钱

　　我们认为这是最重要的一点，尤其是在你理财之旅的早期阶段。不赚钱，就不能储蓄；不储蓄，就不能投资，也没有任何财富需要保护。

　　你的赚钱能力在很大程度上取决于你的技能、人脉和风险承受能力。但是，还有许多其他因素同样很重要。

储蓄

你的储蓄能力就是你可以留住财富的能力。如果你不善于储蓄，那么财富就只会来去匆匆。如果没有储蓄的习惯，那么你就相当于在沙滩上建造城堡。

许多人会惊讶地发现，高收入人群普遍不善于储蓄。一个月薪 2 万美元的银行家可能比一个普通办公室职员存的钱还少。这个世界就是这么奇怪。

投资

近年来，投资（以及它的"兄弟"——短线交易）被描绘成可以实现财务自由的"灵丹妙药"。在某种程度上这是对的，但它并没有向我们展示这件事的全貌。

是的，投资对于让你在不工作时依然实现财富增长至关重要。随着时间的推移，投资和不投资的人之间的差距是巨大的。

但是，投资必然伴随着风险。在追求高回报和暴富的过程中，人们经常会亏钱而不是赚钱。如果做得不好，结果往往会适得其反。

保障

即使是最周密的财务计划也可能会出错。发生意外或生病，都有可能付出高昂的代价。这就是保险和风险管理这些事情的用武之地。

要深入讨论赚钱、储蓄、投资和保障的细节，本身就需要一整本书。

简洁起见，我们选择聚焦到我们认为对年轻人最有价值的内容上。

第一个 10 万美元很难赚，
但之后会越来越容易

　　赚第一个 10 万美元的旅程不会一帆风顺，但接下来我们讲讲，为什么值得一试（以及为什么之后会越来越容易）。

尽管我现在赚得更多了，但我的支出仅比我 25 岁时略微多了一点。

（美元）

收入

支出

25 岁　　　32 岁

我在赚第一个 10 万美元的过程中养成的习惯，让我很好地避免了生活方式的通货膨胀。

第一个 10 万美元靠成长。

第二个 10 万美元靠维护。

如果你是一个 25 岁从零开始的年轻人，
我完全理解这种让人气馁甚至绝望的感觉。

不要让任何人告诉你，
存下六位数的钱是一件容易的事。

因为事实并非如此。

年轻人总是对投资很着迷，
但他们不应该这样

～～～～～～

很多年轻人坚信，他们可以通过投资来积累财富。

我们认为这种想法是错误的。

对大多数年轻人而言，最明智的做法是把宝押在自己身上。

很久以前，我是这样设想自己赚到
第一个 10 万美元的。

我应该会花几年时间存下 1 万美元，
然后做一笔非常成功的投资。

然而这并没有发生。

我确实存了 1 万美元。但是当我想通过
投资把它变成 10 万美元时，
我却大失所望。

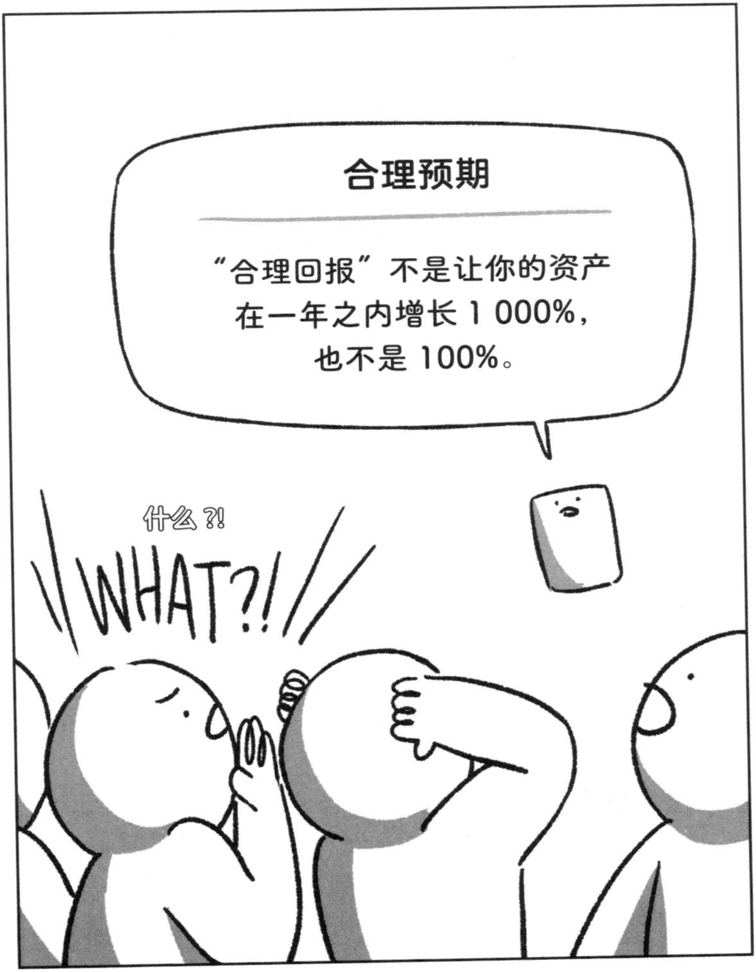
合理预期
“合理回报”不是让你的资产在一年之内增长 1 000%，也不是 100%。
什么?!
WHAT?!

沃伦·巴菲特，世界上最著名的投资大师，1965—2021 年的年均收益率仅为 20%。

如果业内的专业投资者长期收益率超过 10%，那么他们将被认为是"体面的"。

对非全职做投资的普通人来说，5%~8% 是一个更现实的数字。①

* 但请记住，投资有风险！你不会每年都能赚钱，也有可能失去所有的钱。

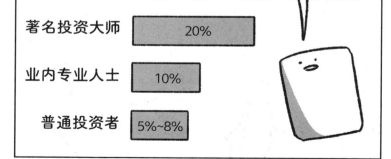

著名投资大师　　20%

业内专业人士　　10%

普通投资者　　5%~8%

———————————

① 5%~8% 更适合新加坡投资者，中国投资者可以根据本国情况设定合适的收益目标。——编者注

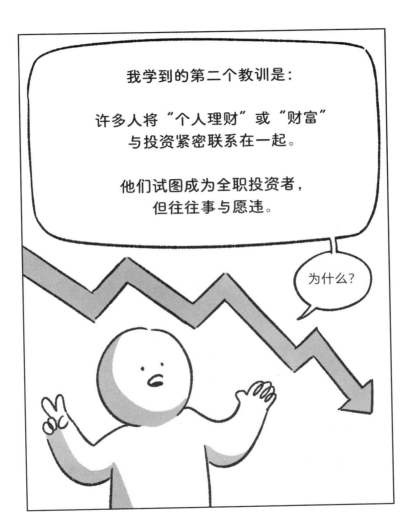

投资在一开始并不能
为你赚很多钱

我们以 10 万美元为例。

（这是基于比较现实的每年 7% 的收益率
来计算你将获得的收入。）

当你的本金小时，
你的收益自然也会比较小。

我们中的大多数人并不是一开始就拥有 100
万美元，因此在这个阶段，最好的办法是努力
增加你的原始资本。

如何累积你的原始资本？
提高你的赚钱能力。

与其花时间挑选股票，
不如考虑培养一些稀缺的技能，
争取升职加薪，
或者做一些副业。

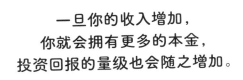

一旦你的收入增加，
你就会拥有更多的本金，
投资回报的量级也会随之增加。

当你一直这样做，
并且持续足够长的时间后，
你的投资确实会让你变得富有。

了解了这些之后，你应该怎么做呢？

（1）忘掉通过投资快速致富的想法。

这往往会导致人们冒过大的风险，
最终造成财务上的重创。

（2）带着务实的预期，尽早投资。

别误会，投资仍然非常重要。
但是请记住，
它不是 0~10 万美元（甚至 100 万美元）
这个区间财富积累的主要驱动力。

但是每一分
都很重要！

(3) 努力提高自己的赚钱能力。
没有什么比拥有良好的人脉、
市场稀缺的软技能与硬技能更重要。
让我们认真分析一下这三个要素，以
及它们是如何相互作用的。

硬技能，指的是你所在的特定
领域的专业能力。

例如：

- 软件熟练程度和编程能力。

- 外语能力。

- 搜索引擎优化（SEO）营销。

- 其他专业证书。

软技能，是非技术性技能，
但是能增强（通常是极大增强）
你的影响力。

例如：

- 沟通协调能力。
- 团队合作能力。
- 问题处理能力。
- 时间管理能力。
- 批判性思维。
- 同理心。

最后，一个良好的人脉关系网络会
将你的软技能和硬技能与愿意为
它们付费的人联结起来。

千万不要忽视这一点！

请记住，
你才是你能做的最好的投资。

保持清醒，薪人类！

增加收入的 10 个永恒原则

　　通常，你的工作会对你的收入有巨大的影响。

　　理解并接受为什么有些工作的薪酬更高，而有些工作更低至关重要。

　　这也有助于你对工作做出更明智的预期。

现在，你已经看到了一些"梗"。它们可能是这样的：

为了在 30 岁时获得非常不错的收入，你需要：

- 凌晨四点洗冷水澡。

- 阅读有关投资和各种资产类别的书籍。

- 学会向上管理。

- 父母是千万富翁企业主。

人们经常会抨击那些假装白手起家其实有很多隐性资源的成功人士。对此我们非常理解而且赞同。

尽管如此，我们还是必须承认，并非所有高收入者都是经营着家族企业、被娇生惯养的孩子。

这里有一个令人惭愧的事实：确实有一些人在二三十岁的时候，收入就远远超过了 4 680 美元的中位数工资。到 30 岁时，收入达到 10 000~15 000 美元的人也不是没有。

鉴于此，如果你想增加收入，无论你是什么职位，以下是一些可以参考的基本要点（其中会有一些重叠）。

1. 做得更多，或者更加努力

要想增加到手的收入，最简单的办法就是拉长工作时间。这是最直接，也是我们最不喜欢的方法。

理论上，这是有道理的。如果你的时薪为 40 美元，那么每月工作 200 小时（8 000 美元）的收入就会比工作 100 小时（4 000 美元）多。

但是现实世界中，这并不适用于许多按月领取工资的员工。

这是第一也是最重要的一条经验：单靠努力工作往往不足以增加收入。这当然有帮助，但很难保证。

明白了这一点，你就可以把努力更好地用在其他维度。

2. 切换到更赚钱的行业

有些行业的收入就是会比其他行业高。

让人不舒服的现实是，你的薪酬是由以下因素共同决定的：

- 供求关系。

- 谁在给你付费。

- 你的影响力是什么。

这意味着我们的职业选择将直接影响我们的收入。初级会计师月薪达到 1 万美元几乎不可能。但对初级软件工程师来说，可能性就更大。

这与人们是否努力工作无关，与谁在道德上更优越也无关。相反，这一切都归结于人们愿意为你的技能支付多少钱。

如果你想增加收入，确实有一些行业可能会支付更高的薪酬。当然，这些行业总是在变化，目前需求旺盛的领域包括信息、通信以及科技等行业。

也就是说，转行可能意味着放弃原本的热爱、工作与生活的平衡状态、福利、目标和文化，还要投入时间去学习新技能。当然，你也可能缺乏从事这份新工作所需的天赋。

这就是为什么我们不建议仅以金钱作为唯一考虑因素，盲目跳槽到所谓的"热门"行业。

3. 摆脱中间商

当你为一家公司工作时，老板会从你的劳动中赚取差价，也就是利润。

例如，你挣 4 000 美元，意味着老板向客户收取 10 000 美元，并拿走 6 000 美元。

实际上，公司是中间商，连接了两边，一边是你，一边是愿意为你的技能付费的客户。

如果你自己能做中间商的工作，那么你就可以多拿 6 000 美元。

话虽如此，如果说中间商不提供任何价值，那也是非常片面的。寻找业务需要资金、时间、技能和网络，一个项目也需

要团队和人力。

摆脱中间商最简单的方法是什么？尝试成为自由职业者或个体经营者。

4. 承担风险，放弃稳定

当你作为一名员工在一家公司工作时，你不用承担任何资本风险。无论公司赚钱与否，你每个月都能领到工资，生活稳定。

如果你是一名企业主，你则要承担相当大的风险。即使公司不赚钱，你仍然需要支付房租、工资、账单等。

但是，在公司盈利的情况下，企业主可以获得大部分的利润，员工则还是拿到正常的工资。

从这个例子中，你会发现承担更多的风险，可能意味着可以赚更多的钱。

举个典型的例子，许多以佣金为基础的销售工作，如果你做得好，就能获得丰厚的报酬，而且没有上限。缺点是什么？如果没有业绩，就会受到惩罚。

5. 谈判、谈判、谈判

大多数人（包括你自己）都把自身利益放在第一位。在工资方面也是如此。

你会想方设法拿到最多的工资。你的老板会尽量支付给你他们能负担得起的工资。有些客户会尽量少付钱。

如果不进行谈判，你便有可能得到一个更偏向另一方利益的协议。

如何更好地进行谈判？以下是一些基本要点：

- 根据市场价格，了解自己的个人能力值多少钱（可以经常去面试，以获得评估结果）。
- 知道如何自信地表达自己，为自己争取应有的价值。
- 为将来的谈判保留开放的对话空间。
- 培养随时可以离开的能力。
- 认识到自己何时拥有谈判筹码，何时没有。

当然，即使是最好的谈判者，也会受到他们可兑现承诺的限制。这就引出了接下来的要点。

6. 变得无可替代

做别人做不了的工作。门槛越低，工资越低。而需要特殊知识、技能和 / 或天赋的工作一般工资较高。

这就是为什么发传单的人比驾驶商用客机的人工资低，为什么做基本的数据录入的人比成功达成一项合法并购交易的人收入低。

做别人不愿做的工作。如果你难以获得上述工作，那么从事通常意义上不舒服或风险较大的工作也是一种选择。

例如：

- 餐饮业员工在圣诞节或除夕夜工作，工资会更高。
- 当客户需要在短时间内交付结果时，许多广告公司也会收取加急费。

· 对于从事危险性较高工作的人员，还有风险或危险津贴。

这些都不算是令人舒服的事情，但它们能帮你赚更多的钱。

7. 领导别人，并学会组建团队

埃隆·马斯克曾说："你的报酬与你解决问题的难度成正比。"

也就是说，你管理的人越多，肩负的责任越重，你能解决的问题就越大。

当然，这需要你磨炼自己的管理技巧和领导能力，而这些技能并不是与生俱来的。

正因为如此，很多挂着经理头衔的人几乎没有什么领导能力，所以他们总是在公司的最低层停滞不前（延伸阅读：彼得原理 ① ）。

领导力这个话题不是一段话或一篇文章就能概括的。不过，我们认为，培养以下技能或者特质，是任何想要成为领导者的人所需要的基本要点。

· 做事靠谱。

· 沟通能力和同理心。

· 大局观。

· 自我意识。

· 说服能力。

---

① 由美国学者劳伦斯·彼得（Laurence J. Peter）和雷蒙德·赫尔（Raymond Hull）提出。该原理指出，在各种组织中，很多雇员因业绩出色而接受更高级别的挑战，被一直晋升，直至一个无法称职的位置，其晋升过程便终止了。——编者注

8. 出色的表达能力

如果森林里有一棵树倒了，但是没有其他人听到，那么它真的发出声音了吗？同样，如果你有一个伟大的想法却无法清晰地表达出来，你真的能指望别人可以自发读懂你的想法吗？

在新加坡，人们在工作场合发言时，往往比较腼腆和保守。成为自信且敢于表达的人，会给你带来明显的优势。(参见上文：变得无可替代。)

学会如何表达自己的想法并说服客户，会让你立刻变得更有价值。不只我们，沃伦·巴菲特也说过，这样做可以让你的价值增加 50%。

9.加入利润中心

绝大多数公司都会努力降本增效。这意味着存在成本中心和利润中心之分。这通常也反映在员工的工资上。对公司利润有直接贡献的员工将有更大的机会获得更高的工资。

成本中心的典型例子有会计、人力资源和运营。利润中心最明显的例子是销售部门。需要注意，一个职位在一家公司归属成本中心，而在另一家公司则可能归属利润中心。

10. 了解自己的价值，做好变动的准备

一个人完全有可能在一个职位上只能拿到 4 000 美元，但是在其他地方却能拿到 10 000 美元。

如果你低估了自己的价值，或者明知如此却不愿离开，那你就会面临这样的情况。

你是如何陷入这种境地的？以下是一些常见的原因：

- 自尊心低（可能是被洗脑了）。
- 对公司愚忠。

- 由于对未知的恐惧而拒绝离开舒适的环境（例如，承担过多的经济压力）。
- 拥有需求旺盛的技能，却身在无法给予合理对价的行业。

诚然，所有这些问题并非都能轻易解决。然而从长远来看，这些问题产生的机会成本可能相当大。我们的建议是，花多长时间解决这些问题都不为过。

如果是自卑，那就多和信任你的人在一起。

如果是缺乏人脉，那就走出去结交朋友。

如果是钱的问题，那就慢慢积累可以跳槽的能力。

记住，你可以改变很多事，你可以"移动"，你可以学习。

你不是一棵树，一辈子只能待在一个地方。

保持清醒，薪人类！

为什么有时候你应该像商人
一样思考问题？

〜〜〜〜〜

人们一睁眼就开始为企业工作。

然而，我们中的许多人仍然对忠诚于企业怀有一些执念，这可能是提高我们赚钱能力的主要障碍。

然而，你并不想离开。

为什么？因为你觉得自己正在放弃
已经在工作中建立的各种关系。

你觉得自己背叛了公司。

那么，
当商人无法从客户那里赚到足够的钱时，
他们会怎么办呢？

开展更多业务

当企业从一个客户身上赚不到钱时，
它们就会去寻找更多的客户。

对你而言，你可以考虑做一份副业，
或再找一份工作来补充你的收入。

当然，这个方法并不总是可行的。
于是我们也可以考虑……

提高销售价格

商人经常会提高价格，
甚至不需要征求许可。

他们会先提高价格，
然后观察客户的反应。

如果太高了，
他们就会把价格再降下来。

5 .50 美元

鸡肉饭

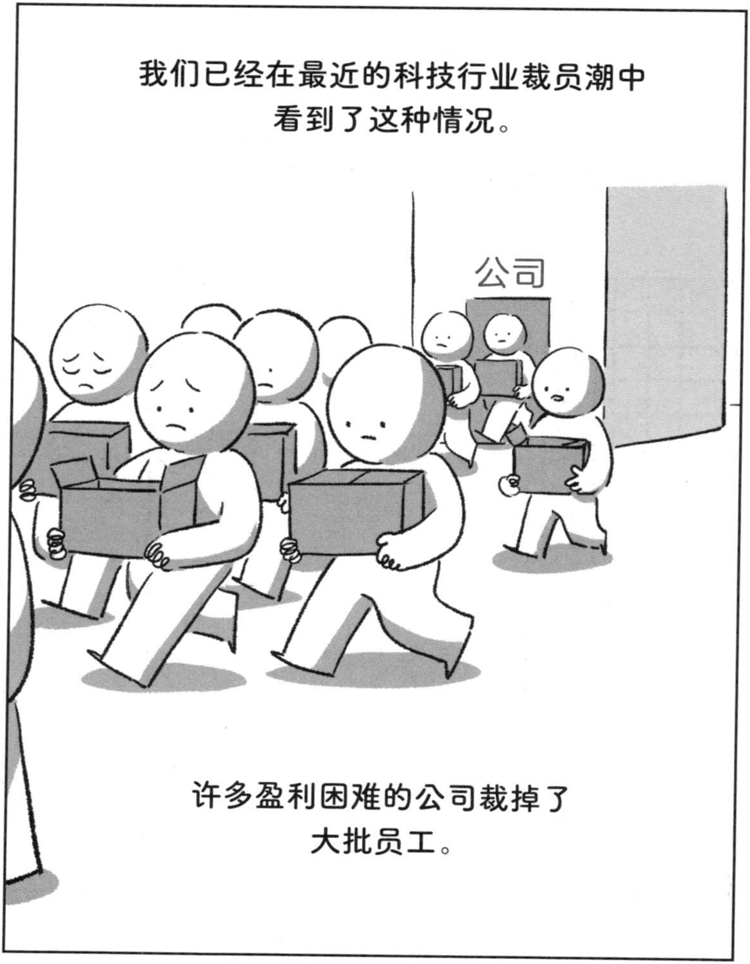
我们已经在最近的科技行业裁员潮中
看到了这种情况。
公司
许多盈利困难的公司裁掉了
大批员工。

同样，当一份工作对你来说不再有价值时，离职就是一个正常的选择。

即使你的老板说他不想你辞职，或者有人说你让同事们失望了，没关系，都不重要。

既然已经决定离开，就不用再纠结。

我们必须说明的是，
像商人一样思考问题，
并不是你在工作场合唯一的处世之道。

许多人通过工作关系建立了良好的私人感情，
成为一辈子的朋友。

第三章

21 世纪 20 年代的现实

环境决定一切。

20 世纪的 50 年代到 80 年代，美国的郊区梦想正热火朝天地进行着。

中产阶级能够负担得起带有白色尖桩篱栅的大房子，同时抚养两个孩子，也许还可以有一两辆车。工资稳步上升，生活一年比一年好。

未来几代人会以很残酷的方式发现，除了少数一些人，这个梦想变得越来越难以实现。

到了 20 世纪 70 年代，许多工作的工资都停滞不前，社会阶层逐渐固化。随着收入不平等的加剧，广大中产阶级的财富受到侵蚀。

在工薪阶层苦苦挣扎时，少数富裕阶层却能够给予他们孩子成功的机会，这就形成了财富集中和不平等加剧的恶性循环。

在新加坡，情况略有不同。从 1965 年独立到 21 世纪初，新加坡有特有的繁荣期。由于土地稀缺，中产阶级渴望的是公寓而不是大房子。

1980 年，我父母以大约 8 万新加坡元的价格购买了他们的公共住房。当时新加坡的平均工资约为 2 200 新加坡元。

如今，同样的公寓价值超过 60 万新加坡元，是原来的 7

倍多，而月平均工资约为 5 000 新加坡元，只是原来的两倍多一点。工资的增长完全跟不上房价的增长。

如今，在世界各地的许多发达经济体中，都可以看到类似的现象。

纽约、柏林、伦敦、墨尔本和香港，这些大城市里的年轻人越来越发现，尽管难度因人而异，但想要在自己长大的社区买得起房，终究是一个巨大的挑战。

你可能会问：是我们哪里做错了吗？但实际上，更多的问题应该是：到底发生了什么变化？

确实是变了。我们可以看看以下这些变化。

人们的寿命越来越长。发达国家预期寿命的增加，意味着住房、工作机会和资源的竞争也增加了。在新加坡，人们的预期寿命已经从 1980 年的 72 岁增加到 2020 年的 83 岁。

热门的地方更加热门。越来越多的人被吸引到大城市寻求更好的赚钱机会，越来越少的人留在农村。这反过来说明，城市里的竞争更多了。新加坡人口从 1980 年的 240 万增长到 2020 年的 540 万。

全球化还意味着人才、资本和财富的跨国流动，这导致热门城市内部的竞争进一步加剧。新加坡约有 43% 的人口是移民。相比之下，伦敦和旧金山是 37%，纽约是 29%。

技术也极大地重塑了各行各业。 数字化和人工智能改变了社会工作属性，一些行业的工作岗位被取代。

继续教育失去了光彩。 在许多发达经济体中，拥有大学学位曾经是就业市场上的一个明显优势，但现在已不再像以前那样能保证就业。

如果没有理解这些变化及其背后的原因，人们很容易产生痛苦和怨恨。

这是真的，无论你是一位斥责年轻一代"脆弱"的长者，还是一名仍然试图使用过去的经验来获得成功的年轻人。

我们的看法是：从经济发展的角度来说，每一代人都有自己的挑战。理解我们是如何走到今天这一步的很重要，这样我们就知道该如何采取相应的行动。

接下来我们将探讨千禧一代和 Z 世代面临的一些棘手又有争议的问题。

我们这一代更难了

〜〜〜〜〜〜

　　一些婴儿潮时期出生的人认为，千禧一代消极软弱又自以为是。他们认为，千禧一代拥有非常多的优势，但成果寥寥无几。

　　同样，千禧一代可能会认为他们的父母当年生活轻松，因为那时他们花更少的钱就可以买和现在一样的东西。

　　那么，为什么会出现这种现象呢？

20 世纪 80 年代，新加坡发展迅速，房地产价格很便宜。

父母只需要一方工作，就能舒舒服服地过日子。

所以没错，
即使考虑到中位数的工资水平，
你父母的房子确实更便宜。

但是，当时绝对没有人能保证新加坡的
土地会像今天这样寸土寸金。

在另一个平行宇宙，
新加坡完全有可能因为未能实现繁荣，
转而向其他国家寻求合并。

你们的父母就是冒着这样的风险留
在这里，而不是去其他地方。

他们的选择得到了回报。

最后，你还谈到了投资股票市场。

直到最近，由于技术的发展，
股市才变得更容易投资。
而在过去，这是一件非常困难的事情。

逢低买入？

当你只顾着努力抚养孩子，或者缺乏必要的财经
知识时，投资可不是一件容易的事。坦白说，你如果
处在你爸的位置，可能会和他一样。

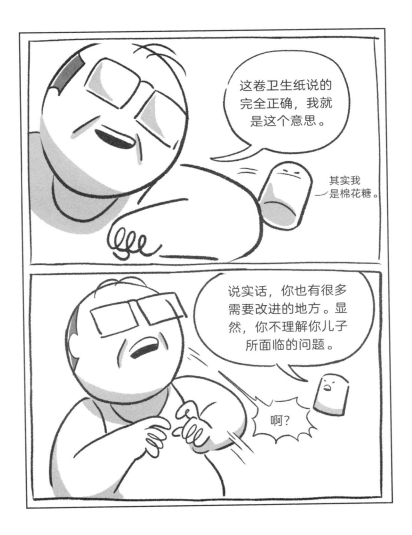

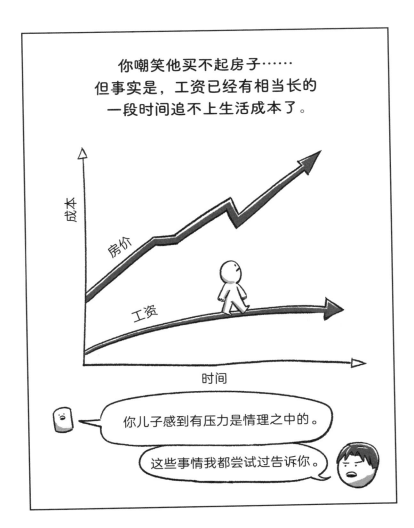

更艰难的是，他还必须面对数字化和人工智能的挑战。科技发展真是日新月异。

在你们那一代，技能的价值还能保持很长时间。现在情况已经完全不同了。

我必须研究政治和战争，
这样我的孩子才能够自由地学习数学和哲学。

我的孩子应该学习数学、哲学、地理、
博物、造船、航海、商业和农业，
使得他们的孩子可以有权学习绘画、诗歌、音乐、
建筑、雕塑、织物和瓷器。

——约翰·亚当斯

保持清醒，薪人类！

为什么不平等看起来是这样的？

～～～～～

　　我们知道这个世界是不平等的。但它是怎么变成现在这样的？谁该为此负责？我们将重点分析两个起主要作用却经常被忽视的力量。了解了我们是如何走到这一步的，那么制订下一步的行动计划就容易了。

为什么不平等看起来是这样的？

免责声明：需要说明的是，我们并没有轻视或合理化不平等所造成的困境。相反，本文旨在为你所观察到的不平等现象提供一些背景信息。希望对你有所帮助。

是什么造成了当今世界各种不平等的现象？

最近，我们在新加坡的社区进行了民意调查，并收到了各种各样的答案。

有些人说是贪婪的企业、漏洞百出的体制和腐败的政客，共同造就了从根源上就不公正的制度。

还有人把责任归咎于"观念"、"毅力"和"教育"，或是这些要素的缺失。

　　所有这些答案在很多情况下都可能是正确的，并且已经得到了很多关注。但今天，我们希望你的注意力可以转到我们认为同样值得关注的其他因素上。它们是股东资本主义、全球化和技术进步。

股东资本主义

　　虽然今天可能很难想象，但是在过去，许多企业其实并不是以利润最大化为目标的。相反，它们会兼顾企业生态链上不

同合作方的利益，包括：

- 客户。

- 政府。

- 销售商和供应商。

- 员工。

- 社会。

- 股东。

在 20 世纪 70 年代，社会观念开始转变成股东利益优先。

股东，是指任何拥有公司股份的个人或实体。通常，股东的利益在于，可以通过他们所持有的股份获得回报。因此，如今许多企业都把利润放在首位。

由此发生的两件事，催生了今天发达国家所熟知的不平等现象。

首席执行官的业绩与股价紧密挂钩，这意味着短期盈利变得非常重要。企业不再寻求与利益相关者的共赢。它们的目标是不惜一切代价取得胜利。如果你想了解更多的相关信息，请查阅杰克·韦尔奇和通用电气的故事，以及米尔顿·弗里德曼的著作。

反过来，企业希望削减成本（包括人力成本）以提高盈利能力。它们是如何做的呢？股东资本主义毕竟只是一个概念，没有行动也就没有意义。

为了找到答案，我们需要看看推动股东资本主义走向繁荣的两个因素：全球化和技术进步。

全球化带来就业，也带走了就业

一堂简短的历史课：在新加坡建国初期，跨国公司把制造业的工作机会带到这里，因为新加坡工人的成本更低。

我们父母这一辈的很多人，正是靠这些工作养育了我们，送我们上学、买房，并为国家的 GDP（国内生产总值）做出贡

献。总而言之,许多新加坡的婴儿潮一代见证了在过去50年里他们财富的剧变。但是这些工作机会是从哪里来的呢?欧洲和美国。

没错。当美国政客捶胸顿足大谈中产阶级"空心化"时,我认为重要的是认识到新加坡人是参与其中的。

当然,新加坡并不是唯一的参与者——日本可能是先行者,韩国也参与其中。纪录片《美国工厂》(*American Factory*)尤其令人深思。

值得一提的还有,在某些方面,世界已经变得比50年前更加平等。

关于不平等，有一个流行说法是，1% 的人以牺牲中产阶级利益为代价暴富，从而加剧了国家内部的不平等。

然而，与此同时，在过去的 50 年里，许多贫穷国家和地区已经摆脱了极端贫困。新加坡和韩国是第一批，后来又有许多国家和地区纷纷跟进。在过去 20 年里，国家之间的不平等实际上已经有所减少。

那么，我们需要为"偷走"美国人的工作而感到内疚吗？在我看来完全没必要。因为这些工作并没有被"偷走"，而是企业家在权衡利弊之后，慎重决定将一些工作机会转移到海外而已。由于劳动力成本的下降，消费者最终得到了更便宜的产品。唯一的输家是谁？那些失去工作的人。

关键的问题就在这里。全球化是一把双刃剑。就像 20 世纪美国的工作机会外流一样，新加坡的工作机会也可能会流向劳动力成本更低的其他国家和地区。成也萧何，败也萧何，不是吗？

全球化增加了"吃掉富人"难度

"向富人征税！"这是被剥夺权利者经常呐喊的口号。许多人一厢情愿地认为，政府可以向最富有的公民征税，然后把钱花在最贫穷的人身上。

实际上，富人的资金转移能力使政府很难扮演罗宾汉的角色。简单来说就是，资本外逃。

考虑以下情况：假设其他条件相同，你会选择向新加坡缴纳 17% 的税，还是向其他地方缴纳 40% 的税？

大多数人会选择 17%。如果你是一个千万富翁，你很可能会有足够的资源来实现这个想法。

随着世界的联系日益紧密，资产和资金可以非常容易地从一个国家流出。这对政府来说不是好消息，因为政府需要税收来构建福利、教育以及其他重要的国家保障体系。

由于全球化，各国政府不得不相互竞争，以吸引富有的公民和企业。

这就导致一个进退两难的局面：要想获得减少不平等所需的资金，就必须向富人征税。但是如果一个国家对富人过于不友好，他们就会离开这里去其他国家，而这将使剩下的人变得更加贫穷。

这里有两层含义：

1. 这意味着政府越来越需要为那些贡献更多税款的富人提供价值，包括安全、基础设施、儿童教育等，最重要的是保护他们的利益。

2. 政府不会向少数富人征收高额的税款，而是寻求向大量的富人征收适量的税款。

尽管如此，将大量富人迅速引入本国也有一定的后果。具体来说就是……

全球化、移民化和士绅化

不算很久之前，中峇鲁还是新加坡性价比最高的社区之一。那里的建筑是老式的，那里的商店主要为老年人服务。

这种情况在 2010 年以后发生了变化。中峇鲁被时尚人士"重新发现"，并使其变得令人向往。时尚的咖啡馆和高级的餐厅纷纷开业。停车场越来越难找，能找到的也停满了宝马和其他欧洲汽车。

不久之后，中峇鲁的生活成本对比较年长的居民来说变得越来越难以负担。

这一过程被称为"士绅化"。它发生在世界各地，著名的例子包括苏荷区（美国）、不伦瑞克区（澳大利亚）和塔哈姆雷特区（英国）。它同样发生在更大规模的城市和国家。

想象一下这样的情况：

假设你在新加坡每月收入 4 500 美元。突然间，千万富翁成群结队地来到你所在的城市。月入 3 万美元的外籍人士开始推高房租价格，他们中的一些人开始与你竞争你曾经梦寐以求的工作，开着你做梦都买不起的豪车。突然间，你最喜欢的街区房价也开始上涨。你最喜欢的早午餐价格竟然高达 48 美元，而且居然没人管！

即使你的收入增加了 500 美元，你也肯定会觉得越来越穷。于是你更加愤愤不平。

技术进步加剧了全球化带来的问题

最后，指数级的技术飞跃放大了上述许多问题。它们使赢家和输家的对价都变得更大，从而进一步拉大差距。

互联网使发展中国家的廉价劳动力更容易参与竞争。一个典型的例子是：新加坡的雇主可以通过 Fiverr 或 UpWork（自

由职业外包平台）在菲律宾雇用一名平面设计师。这会比新加坡人、欧洲人、日本人或美国人更有性价比。

软件和数字化取代了许多工作，或者说至少抑制了工资的增长。我妈妈是一位簿记员，在 20 世纪 90 年代和 21 世纪初，每月的工资为 2 500 美元。20 年后的今天，2 500 美元仍然是这个职位的中位数基准。

与此同时，那些掌握技术的人可以利用技术扩大工作量，从而获得高收入和高利润。与传统的人员配置相比，技术进步使谷歌这一类的公司能够以极其精简的团队规模来保持运营。这也意味着工作机会的减少。工厂和装配线如此，使用软件降低劳动力成本的个人创业者也是如此。

这里有一个流行的观点：技术使我们的生活更轻松，使我们能够更快、更高效地做事。对社会中相当大的一部分人来说，的确如此。

然而，社会中同样有很大一部分人的饭碗被打翻了。

如何理解这些问题？

毫无疑问，不平等是我们这一代人最热门的话题之一。

许多关于不平等的观点都带有强烈的感情色彩，并倾向于对处在贫富两端的人进行无差别的讽刺：

穷人是懒惰且一无是处的流浪汉。

富人是贪婪同时反社会的守财奴。

让人不舒服的事实是，这个世界其实很复杂。很可能仅仅是因为你生活在发达国家，你就以某种方式加剧了不平等。

我们的看法是：如果你想让世界变得更加平等，你必须先做几件事。

首先，为了避免无功而返，你必须了解造成不平等的原因。这将为你后续的行动指明方向。

其次，困难的事情很少能独自完成，单凭一个人的力量是远远不够的。众人拾柴火焰高，你需要招募帮手一起为这个理想奋斗。

最后，能够改变现状的往往是那些拥有财富或才能的人。具有讽刺意味的是，这两个方面你可能需要积累，才能以自己的方式创造一个更加平等的世界。

有可能成功吗？也许吧。

但你也有可能先活成自己最讨厌的样子，成为你曾经想要解决的不平等。

保持清醒，薪人类！

当越来越多外国人移居到我的家乡

～～～～～

    在世界上的许多大城市里，年轻人面临着两种来自移民的竞争——财富和才能。

    前者推高各种价格，后者加剧了劳动力市场的竞争。两者都增加了本地人的生活成本。

    我们认为你的反应应该是这样的。

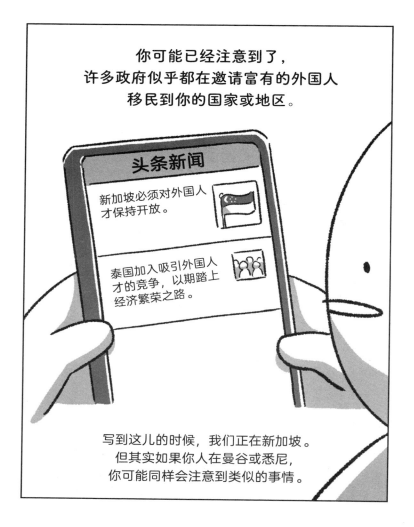

你可能已经注意到了，
许多政府似乎都在邀请富有的外国人
移民到你的国家或地区。

头条新闻

新加坡必须对外国人才保持开放。

泰国加入吸引外国人才的竞争，以期踏上经济繁荣之路。

写到这儿的时候，我们正在新加坡。
但其实如果你人在曼谷或悉尼，
你可能同样会注意到类似的事情。

他们通常会寻找
两种富人——"有钱的"和"有才的"。

有钱的：高净值人士，
比如千万富翁和亿万富翁。

有才的：这些移民拥有一定的特长，
可以获得高收入。

首先我们要明确一点：
这种感觉并不总是好的。

一些新来的人也并不怎么样，粗鲁傲慢，
不尊重当地文化习俗和规章制度。

我对此深恶痛绝。

理由 1：
富裕的移民花的钱更多

这样一来，
企业就能赚到更多的钱。

这就为当地人创造了更高的收入，
于是他们也会花更多的钱，从而让
更多人赚到钱。

理论上，这个国家的每个人都会变
得更加富有。

理由 2：
他们可以提高我们的劳动力水平

通过与本地人合作，
成熟的外国劳动者可以将自己的技能传授给本地人。
这反过来又会使本地人更具备全球竞争力。

**在这里创业的外国人也可以为本地人
创造就业机会。**

他们通过以下方式：

1. 直接雇用本地人。
2. 与当地规模较小的企业合作，这些企业也
   能为本地人提供工作岗位。

理由 3：
政府需要更多税收来支付各种开支

随着人口老龄化，
许多发达国家都面临着公共成本增加的问题。

与此同时，它们的劳动人口也在减少。

这意味着它们可以征收的税款减少了。
这真是一个大问题。

理想情况下，政府希望通过吸引财富和资本来实现这一目标 *：

越来越多有能力的劳动者 + 愿意花钱的富人

更多的税收

更多可供政府支出的资金

*但事情并不总是这样发展的。

政府如果收不到足够的税款，就没有足够的资金
对国家建设进行投入。

这可能意味着公共服务的质量变差甚至不复存在，
比如医疗保健、教育、警察、公共事业等。

政府甚至可能考虑向年轻人征收
更多的税来弥补缺口。

事实上，如果这种情况持续的时间过长，你可能会考虑离开这里，去你认为对自己更有利的其他地方。

当本地的财富和人才离开一个国家时，它们分别被称为资本外逃和人才流失。

但有两种观点值得思考：

首先，如果你的城市正在做一些吸引财富和人才的事情，这意味着它已经是一个相当不错的居住地。

它可能已经提供了相对较好的工作机会、公共服务、基础设施和安全的环境。

第四章

比富人更富有

知足常乐是最大的财富。

—

柏拉图

我们先假设你已经做到了本书前几章所给出的所有建议。

你具备了赚取高收入的技能、存下了钱，并进行了投资。你甚至可能在三四十岁时就提前实现了财务自由。

遗憾的是，你的生活质量可能仍然会很差。

到目前为止，我们在本书中讨论的大部分内容，都是围绕如何积累资金和资产展开的。这一点极其重要，尤其是当你生活在世界上的任何一个大城市里。

但是，如果你认为物质财富是你与美好生活之间的唯一障碍，那可就搞错了。

原因如下。

为什么有些富人永远都不会幸福？

～～～～～～

　　许多富人可能很有钱，但是他们离幸福依然十分遥远。为什么呢？我们来探究一下，攀比如何偷走了我们的快乐。

以下是一个快速诊断：

1. 你有获得食物、水和住所的权利吗？

2. 你是否还算健康，没有重大疾病？

3. 你有爱你和关心你的人吗？

4. 但你依然不开心，是吗？

是，是，是，是……

什么是相对剥夺？

这是一种将一个人的处境与另一个人的处境
进行比较而导致的痛苦。

不公平！

当人们产生相对剥夺感时，他们会觉得自己
理应拥有或得到与他人相同的东西。

绝对匮乏有明确的标准，
它不依赖于比较。

例如：
一个挨饿的人就遭受绝对匮乏。

还有每天只睡 3 小时的人。

收入低于国家贫困线 * 的人，也是如此。

* 新加坡没有官方的贫困线，这是另一个话题，我们以后再谈。

仔细想想，
在过去，人们只能与一个较小圈子里的人
进行比较。

但如今，
我们的比较基础已经极大地扩展了。

例如，
你可能会因为在社交媒体上看到其他人拥有
比你更好、更大、更新的东西而感到不开心。

你也许会羡慕那些比你有钱的人，
或者是你从未见过的其他地方的一些网红。

我们并不是说，
你因为相对剥夺而产生的痛苦是庸人自扰。

其实一个人产生相对剥夺感很正常。

然而，它也确实会削弱你获得快乐的能力。

如果我们的目标是快乐地生活，
那么我们就值得去探索该如何克服它。

那么，我们如何才能克服相对剥夺感呢？

我们的研究让我们坚信这两件事会有帮助：

CONTENTMENT

& 知足
与
感恩

GRATITUDE

知足

许多古代哲学家认为，幸福源自内心而不是外在，如比别人更富有、更聪明或更漂亮。

古语有云：
攀比往往是窃取快乐的小偷。

亚里士多德（公元前 384 年至公元前 322 年）认为，
满足感来自顺应自然，并且能够充分实现个人潜能。

幸福的本质是知足常乐。

有些观念鼓励人们寻求内心的平静，
从而获得满足和幸福。

感恩

感恩往往与更大的幸福感联系在一起。

它可以帮助你感受到更多积极的情绪，
享受美好的经历，改善健康状况，
甚至应对逆境。

下面简单列举了一些培养感恩之心的方法：

- ♥ 口头表达感谢。

- ♥ 写感谢信。

- ♥ 写感恩日记。

- ♥ 多关注生活中的美好，尤其是一些你认为理所当然的小确幸。

人们曾经拥有很少，却更快乐。

不管你是否认可，有一句大实话说得好：
幸福其实触手可及。

关键在于：
为什么我们不选择它呢？

知足使穷人富有，
不知足使富人贫穷。

——本杰明·富兰克林

保持清醒，薪人类！

我为什么会坦然地消费降级?

我们生活在一个被过度消费主义吞噬的社会。如果我们期待通过"购物疗法"和无止境的消费升级来改善我们的生活,那么会发生什么呢?以下是一些"逆行"的理由。

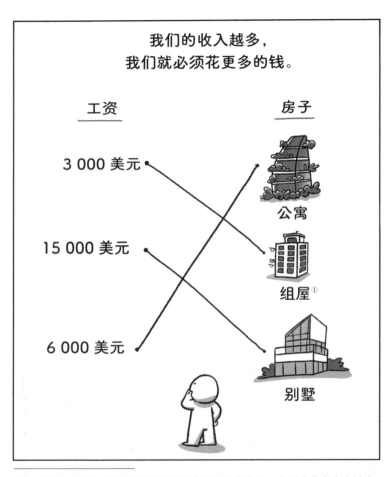

① 组屋是由新加坡建屋发展局承担建筑的公共房屋，大部分分布在大城市，多提供给收入较低的家庭居住。——编者注

升级生活方式可能会让你看起来不错，
甚至感觉良好，
但大多数事情都只是暂时的。

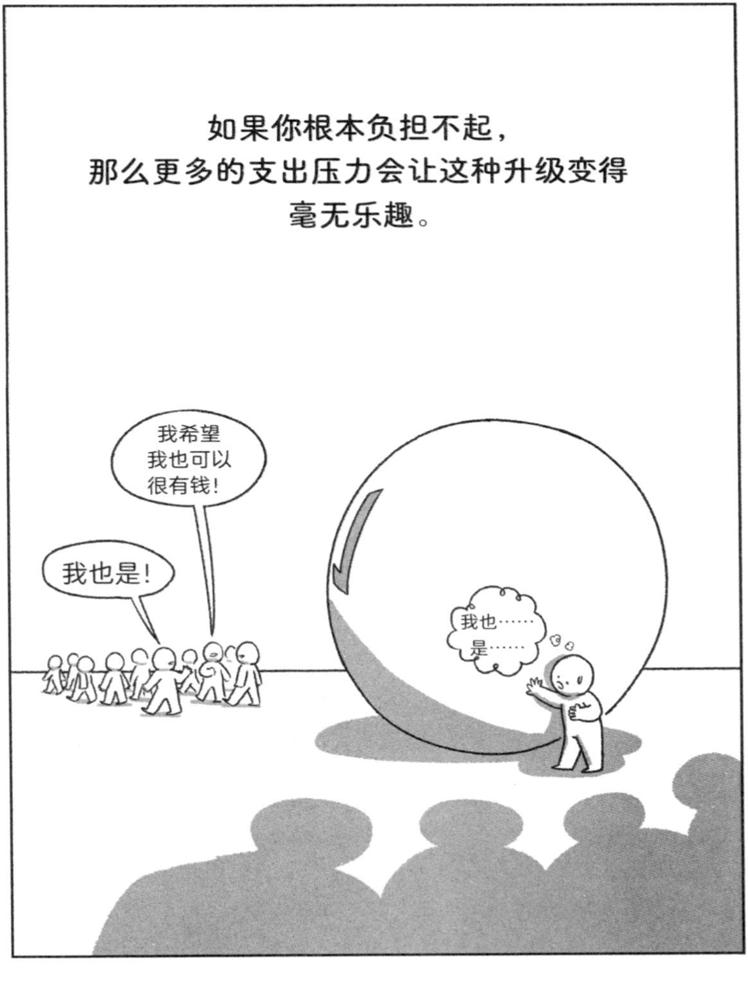
如果你根本负担不起，
那么更多的支出压力会让这种升级变得
毫无乐趣。
我希望
我也可以
很有钱！
我也是！
我也……
是……

道理很简单：
为某样东西多花 100% 的钱，
并不意味着你的快乐也会增加 100%。

因为总会有更新、
更酷炫的东西出现。

你会买这些东西，
慢慢厌倦这些东西，
然后继续去找更新、更酷炫的。

永无止境。

直到把你的钱花光。

我选择买我能负担得起的东西来
让自己开心，而不是去买那些我认为
会让我开心的东西。
同时，我为这样的选择而感到快乐。

当然，知足常乐也有一些其他
非常实际的好处。

如果你考虑退休，那么你的积蓄可以供你使用更长的时间，因为你不会无节制地花很多钱。

② 你会变得更加环保，因为作为个人，
你的消费会减少。

所以，如果你担心今天没有足够的钱，
那么你要做的第一件事就是
看看哪里可以降级。

下面是一些例子。

例 1　降低住房标准。

选择减少住房开支可以带来非常实际的好处，比如可以用腾挪出来的现金偿还贷款，或者为未来投资。

当然，也不至于这么小……

例 3

如果你正在考虑退休，与其留在物价高昂的城市，不如搬到一个更经济实惠的地方，这并不丢人。

而且你的生活质量可能会得到实质性的提高，而不仅仅是勉强维持生计！

有一个流行的说法：
金钱也许不能买到幸福，但我宁愿
坐在捷豹里哭，也不愿意挤在公交
车上哭。

——弗朗索瓦丝·萨冈

保持清醒，薪人类！

我应该卷，还是躺平呢？

　　有些人选择拼命工作以成就更好的人生，有些人则决定拒绝世俗的成功观念而选择躺平。你应该选择哪一个，以及每种选择背后的风险是什么？

我们生活在一个常常给我们传递
矛盾信息的社会中。

躺平文化　　　　　　　　　　　卷文化

卷文化告诉我们要玩命工作。成功意味着，
创业、赚大钱和不停地忙碌。

躺平文化则认为努力工作未必会有好的
回报，简单地活在当下是更好的选择。

通过卷获得的技能、知识、经验和人脉，
可以帮你赚更多的钱，反过来又能为你
提供更多的选择。

当然，如果发展到极致，
卷就会变得有害、愚蠢，
甚至适得其反。

一些例子：

- 以忙碌为荣。
- 无休止地追求目标，却永远找不到成就感。
- 为工作而工作。
- 为赚钱牺牲太多时间。
- 从不休息，导致精疲力竭。

更不用说，卷对成功的定义相当狭隘——主要以你有多少钱来衡量。
实际上，成功有很多种方式。
养育子女
为一项事业奋斗
环保
精通一门手艺
这些都是人们可以通向成功的其他方式。

躺平怎么样？

根据我的经验，躺平也不错。

摒弃诸如金钱、物欲等世俗的成功观念，
人们可以选择立刻退出内卷式竞争。

这可能就是躺平以及反工作等理念
大受欢迎的原因。

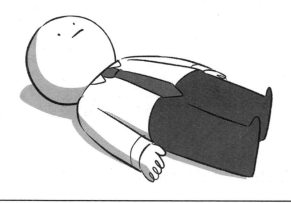

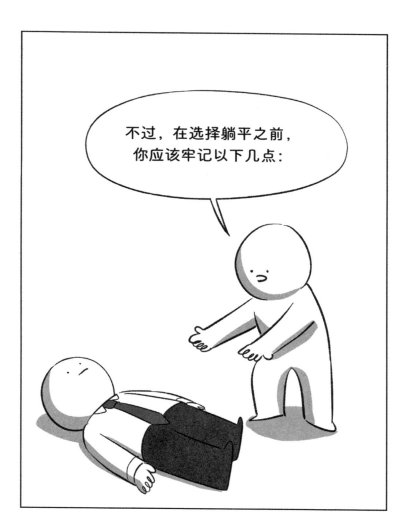

#1　躺平意味着原地不动

在此期间，其他人会拉近和你的距离，
甚至超过你。

如果你将来决定再站起来，那么你可能会
发现自己已经落后太多了。

#2 很多人想躺平，
但他们的目标却与此不匹配

人们常说自己想要过一种简单的生活，
但实际上他们的生活方式既不简约，也不简单。

每月3 000美元才够花，得有一辆车，还得住
在一个热门的小区——这可不是简单的生活。

#3 随遇而安并不总是一个好主意

在所有外部条件都不变的情况下，
赚多少花多少，做个快乐的月光族，
听起来是一个非常有吸引力的主意。

例如，你可以在二三十岁时只存很少的钱
也能过得不错。你可能会认为这是
长期可持续的。

但问题是，生活总是在变化。人在变，
经济在变，环境在变，梦想也在变。

如果不在财务上有所管理，那么你应对
变化的选择就会很有限。

到底怎么办呢？

对大多数人来说，
两个极端可能都会导致不幸福。

对我来说，
我会选择在卷和躺平之间采取
更有策略性的做法。

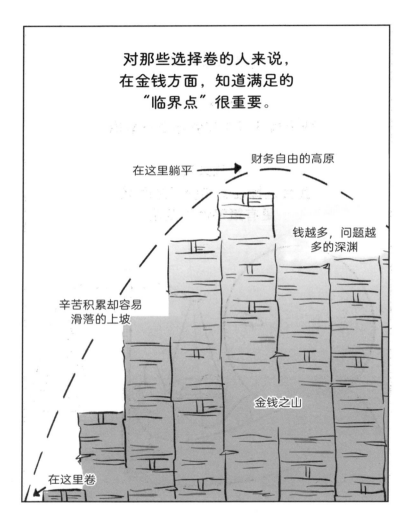

第五章

临别赠言

这就是全部内容了。感谢你读完了我们的第一本书！

我们在附录部分又添加了几幅漫画来讲解一些基本的投资方法。

我们把它放在最后，是因为这部分可能稍微有点专业和枯燥。所以你可以把它当成一个奖励，在你还清了高息贷款并且攒了 6 个月的钱以后，回过头再来看。

虽然这只是小小的第一步，但所有伟大的旅程也都是从这一小步开始的。

这并不容易，但我们保证，一切都是值得的。

祝一切顺利，另外再多说一句：

保持清醒，薪人类！

谢谢你
阅读我们的书。

给投资新手的建议：一个理解
金融工具的简单方法

在当今复杂而又高度拥挤的市场中，投资越发让人困惑，因为许多金融产品都需要我们多多注意。

这里介绍一个概念——投资的不可能三角，在评估市场上不同产品选择的可行性时，它可以作为合理性检查的方法。

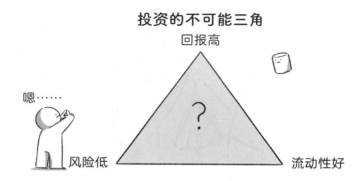

投资的不可能三角

三角形的每一个顶点，都有一个让所有投资者觉得有价值的特质。它们是：

- 回报高，你可以从投资中赚取高额回报。
- 风险低，你不太可能在这笔投资上亏损。
- 流动性好，这笔投资可以迅速转换成现金而不影响其价值。

无论好坏，你都不可能在一项投资中同时获得所有这些特质。你最多只能从三项中选择两项。为什么呢？让我们来看一看。

高回报意味着高风险

"不入虎穴，焉得虎子。"

"幸运常常眷顾勇敢的人。"

"你如果不敢冒险，那就只能沦于平凡。"

所有这些谚语都指向一个现实：高回报总是伴随着高风险。

这就是为什么被评为 D 级的债券，偿还债务的可能性较低但提供了较高的收益率，而超级安全的债券（如被评为 AAA 级的债券）收益率却往往较低。这也是传统金融产品通常不保证两位数收益率的原因。

更大可能是，一个产品每年只保证 1%~4% 的收益率。当然，随着利率的上升，这个数字也许会有一点提高。然而，很少有公司会保证每年高达 20% 的收益率。

高流动性通常意味着较低的收益

一般来说，你越能迅速将某样东西转换成现金，其收益就越低，反之亦然。在投资领域，这被称为流动性溢价。

这种"溢价"是对牺牲流动性的投资者的一种奖励，因此得名。

让我们来解释一下它是如何运作的。没有流动性是一件让人很不舒服的事。你有钱，但无法动用。没人喜欢这样。

所以，在收益率相同的情况下，将钱锁定 5 年和 10 年，你大概率会选择前者。因此，为了使 10 年期投资更具吸引力，你会希望获得更高的回报，算是作为一种激励，或者说一个奖励。

这就是为什么流动性越高通常意味着回报越低。现在，让我们看看"投资的不可能三角"这个概念是如何在现实世界中

发挥作用的 [1]。

流动性好，但是通常风险低，回报也低的投资工具

现金管理账户 / 货币市场基金

高收益储蓄账户

现金管理账户 / 货币市场基金

这些都是现金管理工具，你可以将资金短期存放于此。它们通常由智能投顾、新兴金融科技解决方案和经纪商提供。它们被称为更安全且更高流动性的投资之选，你可以在几天甚至几小时内取款。

---

[1] 以下介绍的投资工具更适合新加坡市场，国内投资者可借鉴参考，举一反三地运用。——编者注

代价是什么？收益率。这些产品的收益率往往是金融产品中最低的，甚至可能低于当前的通货膨胀率。

高收益储蓄账户

这些都是有弹性储蓄利率的银行账户。你与银行交互的业务越多，利率就越高，比如工资入账、刷卡，甚至投资和保险等。

高收益储蓄账户的市场定位也是主打安全性高和流动性强。它们的收益率不是很高，但可以高于现金管理账户——只要你在银行有足够多的业务。

没有流动性，但是风险低、回报相对高的投资工具

政府养老金账户

世界各地都有许多由政府管理的养老金制度，它们努力（并不总是成功）帮助退休人员至少战胜通货膨胀。

一般来说，这些养老金计划的利率会高于货币市场基金和高收益储蓄账户，但这依然是以牺牲流动性为代价的。

许多养老金计划都有严格的提取标准，其中最重要的是年龄。在新加坡，中央公积金特别账户（SA）可以保证每年4%的收益率，高于2%的历史通胀水平。

长期储蓄保险

长期储蓄保险是一种由保险公司提供的储蓄计划，具有10年或更长时间的锁定期，还具有保险功能。

这些计划被认为比股票等资产更安全，波动性更小，但与货币市场基金和现金管理账户相比，它们可以提供更高的收益率。通常，锁定期越长，收益率越高。

一般情况下，长期储蓄保险的年化收益率在2%~5%，当然，部分收益率也并不总是有保证。随着利率的上升，收益率也可能会增加，但总的来说至少会比其他的短期产品更高。

具有一定流动性，但是风险高、潜在收益也高的投资工具

股票、信托基金和 ETF

股票是你可以在线上购买的上市公司的一小部分股权，如苹果、特斯拉、谷歌和微软等著名公司。

信托基金是由股票和债券等各种投资工具组成的投资组合，由专业人士管理。管理人可以是个人，也可以是资产管理机构。

ETF 与信托基金类似，但它们可以上市交易，因此被称为交易型开放式指数基金。在新加坡，常见的 ETF 有：CSPX、

IVV、ARKK-ETF、QQQ、STI-ETF 和 SPY。

　　这些金融工具都有可能获得比这里列出的所有产品更高的收益率，但它们也伴随着高风险，谁都没有办法保证收益率。就像大家说的那样，过往业绩不代表未来表现。

　　我们在这里说的是，"具有一定的流动性"，是因为即使你可以相对快速地抛售这些产品，但由于这些资产同时具有波动性，你也可能会遭受损失。

最后，需要注意的重要事项

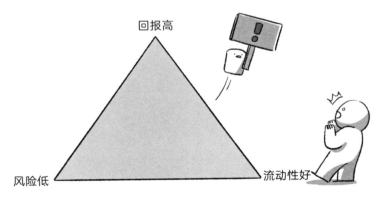

　　虽然"投资的不可能三角"是一个可以帮助你选择各种投资工具的好方法，但还有一些重要事项需要注意。

这个三角是一个指引，而不是规则。

例如，通常情况下，长期债券的收益率要高于短期债券，原因是前面提到的，有流动性溢价的存在。然而，当投资者担心经济衰退的时候，这种关系可能会逆转，这被称为"收益率曲线倒挂"。

例外情况确实会发生，还有其他因素在起作用。风险、回报和流动性这三个要素通常适用于所有投资，但也存在一些其他因素影响投资工具的表现。例如，为了提高高收益储蓄账户的回报，你通常需要与银行发生更多业务。业务往来与风险、回报或流动性无关，而是作为商业模式的一部分，银行主动创造的激励措施。

为什么理解"投资的不可能三角"非常重要？

我们认为，它可以从两个主要方面帮助想要投资的人。

第一点是，可以抑制乐观情绪。世界上存在着严重的投资诈骗问题。2023 年，新加坡人在诈骗中损失超过 6.63 亿美元，其中大部分是投资欺诈。骗子往往承诺在短时间内保证实现高额回报。了解这个三角关系将有助于你更加谨慎地识别这类骗局。

第二点是，要了解不同的投资工具在你的投资组合中能发挥怎样的作用，并且不要把"最大回报"作为唯一的投资目标。

投资的流动性和安全性虽然不那么受人关注，但其实同样重要，有时候甚至更加重要。毕竟，如果说有什么比两位数甚至三位数的收益率更棒的事，那就是能够真正用自己的钱过上自己想要的生活。

保持清醒，薪人类！

〰〰〰 写在最后 〰〰〰

　　我们的投资方法以持续、适度的增长为核心，同时尽可能降低风险。长期财富通常不会来自奇迹般的短期收益；相反，它靠的是稳定的收入、明智的投资和节俭的生活。

　　用打游戏来做类比：你的收入就像"核心"，投资就像"辅助"。它们共同保护你的净资产不受通货膨胀的影响，帮助你实现投资目标。

　　归根结底，投资自己仍然是最好的选择。

　　不断学习，持续投资，量入为出。

　　保持清醒，薪人类！